Serie Jelu-Ruemar

$V = d/t$ M.R.U

$F = ma$ DISTANCIA
EQUILIBRIO   NEWTON

TOMO 10
CINEMATICA-
DINAMICA

Scarlett C. Rueda M.

2020

PROLOGO

En este tomo se presenta un resumen breve y comparativo de los aspectos básicos y propios de la física tales como el estudio del movimiento sin tomar en cuenta la causa, por una parte, y un resumen base para la comprensión de la causa de movimiento es decir la fuerza.

En otras palabras, se presentan resúmenes breves de las áreas Dinámica y Cinemática. De tal manera que se comparan tanto los elementos en los diferentes tipos de movimiento como las fuerzas que actúan sobre los cuerpos.

En otro orden de ideas se sugiere al estudiante que cubra las etapas del proceso enseñanza y aprendizaje, para que así aproveche al máximo este material instruccional. Es decir:

1) Adquiera un vocabulario técnico propio de la Física, aprendiendo definiciones, conceptos y características propias del tema en estudio.

2) Resuelva un conjunto de ejercicios que recapitulan la explicación del docente y permiten fijar el conocimiento sobre el algoritmo de resolución de los mismos.

De tal manera que el estudiante tiene que ser el promotor de su propio conocimiento en tres momentos bien importantes

Antes de asistir a clases: Horas de estudio independiente, antes de ir a clases el participante deberá explorar el tema para familiarizarse con la teoría (conceptos, definiciones fórmulas, características...) para lo cual usará textos, páginas web, guías...

Durante la clase: Horas de clase atendidas: Durante la clase atenderá la explicación y la actividad realizada antes le permitirá participar y/o aclarar dudas; a la vez que puede destacar y copiar datos importantes para la comprensión de los saberes.

Después de la clase: Horas de Trabajo en grupo. Después de la clase deberá recapitular e iniciar la fijación del conocimiento asistido por los compañeros que formen su grupo de estudio, los preparadores o los asesores., repasando periódicamente los saberes para su fijación.

La autora

SEMBLANZA DE LA AUTORA

La profesora Scarlet C. Rueda M. es egresada, en la especialidad de Matemática, del Instituto Universitario Pedagógico Experimental "Rafael Alberto Escobar Lara" ubicado en la ciudad de Maracay. Estado Aragua. Venezuela.

Ha incursionado en la docencia desde el subsistema de pre escolar hasta educación superior, incluyendo educación especial. Entre los institutos donde ha desempeñado su labor se cuentan:

I.E.E Pre-escolar de Audición y Lenguaje. "Maracay".
C.P.A.P.E.P "La Candelaria".
E.B "Simón Bolívar" C.B.C "Cruz Verde"
C.B "Magdaleno"
U.B.E "José Rafael Revenga"
ESCUBAFAN
UBA
IUPFAN
IUPE" RAFAEL ALBERTO ESCOBAR LARA"
INCE-EPA
UNEFA. IUTELV. Maracay. Entre otros...

Ha publicado otras obras certificadas tales como:
ALGEBRA LINEAL
FISICA BÁSICA
MANUAL PRACTICO DE PLANIFICACIÓN EL AULA PROYECTO PEDAGOGICO. CONTROL ADMINISTRATIVO.
El AULA: MANUAL PARA EL TRABAJO PRÁCTICO DEL DOCENTE ADAPTADO AL NUEVO CURRICULO BASICO NACIONAL. Entre otras.

¿Qué es la física?

En general: La física es la ciencia que estudia el funcionamiento del universo, desde el movimiento de la materia por el espacio y el tiempo, hasta la energía y la fuerza.

En particular: El propósito de la física es describir el funcionamiento de todo a nuestro alrededor, desde el movimiento de partículas diminutas hasta el movimiento de las naves espaciales.

Velocidad, movimiento, dirección y aceleración son términos comunes en física.

La física también explica los fenómenos luminosos y sonoros. La luz y el sonido son ondas con características particulares.

La física ha desarrollado conceptos como calor, trabajo, fuerza y energía

Ramas de la física

La física es una ciencia vasta con muchos campos a ser explorados, desde lo infinitesimalmente pequeño hasta lo abismalmente grande. Por eso existen muchas ramas de la física dentro de las que se pueden mencionar:

Termodinámica: estudia todo lo referente a calor y temperatura.
Mecánica clásica: se dedica al estudio del movimiento de los cuerpos y las fuerzas que actúan sobre ellos.
Mecánica cuántica: se encarga de las partículas atómicas y subatómicas y sus interrelaciones.
Electromagnetismo: estudia la electricidad y el magnetismo y sus interrelaciones.
Acústica: el sonido es el objeto de estudio de la acústica.
Óptica: se interesa por los fenómenos luminosos y la visión.

Las cuales a su vez tienen sub áreas, entre ellas:

La cinemática hace una descripción del movimiento de los cuerpos, sin preocuparse por las causas.

La velocidad, distancia recorrida, tiempo y aceleración son algunos de los parámetros estudiados en esta área.

Sus fórmulas principales son:

M.R.U. Movimiento rectilíneo uniforme $x=x_0+v.t$	x: posición final (m) t: intervalo de tiempo x_0: posición inicial (m) v: velocidad (m/s)
M.R.U.V. Movimiento rectilíneo uniformemente variado $x=x_0+v_0.t+\frac{a.t^2}{2}$ $V=v_0+a.t$ $V=v_0+2a\Delta x$	x: posición final (m) x_0: posición inicial (m) v_0: velocidad inicial (m/s) a: aceleración (m/s²) t: intervalo de tiempo(s) v: velocidad final (m/s) Δx: distancia recorrida(m)
M.C.U. Movimiento circular uniforme $v=\omega.R$; $T=\frac{1}{f}$; $\omega=2\pi f$; $a_{cp}=\frac{v^2}{R}$	v: velocidad (m/s) ω: velocidad angular (rad/s) R: radio de la curvatura de la trayectoria (m) T: periodo (s) f: frecuencia (Hz)
Lanzamiento oblicuo $v_x=v_0.\cos\theta$ $v_{0y}=v_0.\text{sen}\theta$ $v_y=v_{0y}+a.t$ $h_{max}=\frac{v_0^2.sen^2\theta}{2g}$; $A=\frac{v_0^2.sen2\theta}{g}$	v_x: velocidad en el eje X- velocidad constante (m/s) A: alcance (m) h_{max}: altura maxima (m) θ: ángulo de la dirección del lanzamiento v_{0y}: velocidad inicial en el eje y (m/s) v_y: velocidad en el eje y (m/s) a: aceleración (m/s²)

La Dinámica: Estudia las causas del movimiento de los cuerpos. En esta área, se estudian los diferentes tipos de fuerzas que intervienen en el movimiento. Algunas de sus fórmulas principales son:

$F_R : m.a$	F_R: fuerza resultante (N) m: masa (kg) a: aceleración (m/s²)
P=m.g	P: peso (N) m: masa (kg) g: aceleración por la gravedad (m/s²)
$F_{fr} : \mu.N$	f_{fr}: fuerza de fricción (N) μ: coeficiente de roce N: fuerza normal (N)
$F_{el} : k.x$	f_{el}: fuerza elástica (N) k: constante elástica del resorte (N/m) x: deformación del resorte (m)

Trabajo, potencia y energía:

La conservación de la energía es uno de los principios fundamentales de la física y su comprensión es extremadamente importante. El trabajo y la potencia son dos magnitudes que también se relacionan con la energía. Sus fórmulas básicas son:

Trabajo $T = F \cdot d \cdot \cos\theta$	T: trabajo (Joule, J); F: fuerza (Newton, N); d: desplazamiento (metro, m) θ: ángulo entre la dirección de la fuerza y el desplazamiento
Potencia $P = \dfrac{T}{t}$	P: potencia (watt, w) T: trabajo (Joule, J) Δt: intervalo de tiempo (segundos, s)
Energía $E_c = \dfrac{m \cdot v^2}{2}$ $E_p = m \cdot g \cdot h$ $E_{el} = \dfrac{k \cdot x^2}{2}$	E_c: energía cinética (Joule, J) m: masa (kilogramo, kg) v: velocidad (metros/segundo, m/s) E_p: energía potencial gravitacional (Joule, J) g: aceleración por la gravedad (metros/segundo^2, m/s^2) h: altura (metros, m) E_{el}: energía potencial elástica (Joule, J) k: constante elástica del resorte (Newton/metro, N/m) x: deformación del resorte (metros, m)
Cantidad de movimiento $Q = m \cdot v$	Q: cantidad de movimiento (kg.m/s) m: masa (kg) v: velocidad (m/s)
Impulso $I = F \cdot \Delta t$	I: impulso (N.s) F: fuerza (N) Δt: intervalo de tiempo (s)

Electricidad:

Conceptos como corriente eléctrica, diferencia de potencial, potencia y energía eléctrica son fundamentales para los cálculos en electricidad.

Algunas de sus fórmulas son:

Electrostática $F_e = \frac{k|Q_1|.|Q_2|}{d^2}$ $F = q.E$ $V = k.\frac{Q}{d}$	F_e: fuerza electrostática (N); F: fuerza electrostática (N) q: carga de la prueba (C); E: campo eléctrico (N/C) k: constante electrostática (N.m²/C²); d: distancia entre las cargas (m); $|Q_1|$: módulo de la carga 1 (C); $|Q_2|$: módulo de la carga 2 (C); V: potencial eléctrico (V); Q: carga eléctrica (C);
Electricidad $V = R.I$ $P = V.I$ $P = R.I^2$ $E = P.\Delta t$	V: diferencia de potencial (voltios, V); R: resistencia (Ohm, Ω) I: corriente (Ampere, A); P: potencia eléctrica (Watts, W) P: potencia efecto Joule (J); R: resistencia eléctrica (Ω) E: energía eléctrica (J o KWh); Δt: intervalo de tiempo (s o h)
Asociación de resistencias En serie En paralelo	R_e: resistencia equivalente (Ohm, Ω); R_1: resistencia 1 (Ω) R_2: resistencia 2 (Ω); R_n: resistencia n (Ω) $R_e = R_1 + R_2 + \cdots + R_n$ $\frac{1}{R_e} = \frac{1}{R_1} + \frac{1}{R_2} + \cdots + \frac{1}{R_n}$
Capacitores $C = \frac{Q}{V}$	C: capacitancia (F); Q: carga eléctrica (C); V: diferencia de potencial (V)

Electromagnetismo:

En esta área, la electricidad y el magnetismo se juntan formando un campo importante de la física.

Estas son algunas de sus formulas

$F_m = B.\|q\|.v.\text{sen}\theta$	F_m: fuerza magnética (N) B: vector de inducción magnética (T) |q|: módulo de la carga (C) v: velocidad (m/s) θ: ángulo entre el vector B y la velocidad
$F_m = B.I.\ell.\text{sen}\theta$	F_m: fuerza magnética (N) B: vector de inducción magnética (T) I: corriente (Amp) ℓ : longitud del cable (m/s) θ: ángulo entre el vector B y la corriente
$\varphi = B.A.\cos\theta$	φ: flujo magnético (Wb) B: vector de inducción magnética (T) A: área (m²) θ: ángulo entre vector B y el vector normal a la superficie del espiral
$\varepsilon = \dfrac{\Delta\varphi}{\Delta t}$	ε: fem inducida (V) Δφ: variación del flujo magnético (Wb) Δt: intervalo de tiempo (s)

Hidrostática:

Se estudian los fluidos en reposo, ya sean líquidos o gases. El empuje y la presión son conceptos fundamentales en esta área.

Entre sus fórmulas principales cabe mencionar:

$P=\dfrac{F}{A}$	p: presión (N/m^2) F: fuerza (N) A: área (m^2)
$\rho=\dfrac{m}{V}$	ρ: densidad (kg/m^3) m: masa (kg) V: volumen (m^3)
$P_t = P_{atm} + \rho \cdot g \cdot h$	P_t: presión total (N/m^2) P_{atm}: presión atmosférica (N/m^2) ρ: densidad (kg/m^3) g: aceleración por la gravedad (m/s^2) h: altura (m)
$E = \rho \cdot g \cdot h$	E: empuje (N) ρ: densidad (kg/m^3) g: aceleración por la gravedad (m/s^2) V: volumen de líquido desplazado

Termología y T termodinámica:

En termología se estudia el concepto de temperatura, calor y escalas termométricas, además de los efectos de la variación de la temperatura en la dilatación de los cuerpos. En termodinámica, se aprende la relación entre calor y trabajo. Sus fórmulas principales

Conversión de escalas de temperatura $T_c = \frac{5}{9}(T_F - 32°)$ $T_k = T_c + 273°$	T_c: temperatura en grados Celsius (ºC); T_F: temperatura en Fahrenheit (ºF); T_K: temperatura en Kelvin (ºK) T_c: temperatura en Celsius (ºC)
Dilatación térmica $\Delta L = L_0 \cdot \alpha \cdot \Delta T$ $\Delta A = A_0 \cdot \beta \cdot \Delta T$ $\Delta V = V_0 \cdot \gamma \cdot \Delta T$	ΔL: dilatación lineal (m); L_0: longitud inicial (m); α: coeficiente de dilatación lineal (ºC^{-1}); ΔT: variación de temperatura (ºC); ΔA: dilatación superficial (m^2); A_0: área inicial (m^2); β: coeficiente de dilatación superficial (ºC^{-1}) ΔT: variación de temperatura (ºC); ΔV: dilatación volumétrica (m^3); V_0: volumen inicial (m^3); ΔT: variación de temperatura (ºC) γ: coeficiente de dilatación volumétrica (ºCm^{-1})
Calorimetría $C = m \cdot c$ $Q = m \cdot c \cdot \Delta T$ $Q = m \cdot L$	C: capacidad térmica (J/ºC); m: masa (kg); c: calor específico (J/kg ºC); Q: cantidad de calor transferido (J); c: calor específico (J/kg.ºC); ΔT: variación de temperatura (ºC); Q: cantidad de calor para cambio de fase (J) L: calor latente según el cambio de fase (J/kg)
Termodinámica $\Delta U = Q \cdot T$ $T = Q_{abs} \cdot Q_f$ $R = \frac{T}{Q_{abs}}$ $\Delta S = \frac{\Delta Q}{T}$	ΔU: variación de energía interna (J); Q: cantidad de calor (J) T: trabajo (J); Q_{abs}: cantidad de calor absorbido de la fuente caliente (J); Q_f: cantidad de calor cedido por la fuente fría (J) R: rendimiento de una máquina térmica; Q_q: cantidad de calor absorbido de la fuente caliente (J); ΔS: variación de entropía (J/K); ΔQ: cantidad de calor (J); T: temperatura absoluta (K)

Gravitación Universal:

La ley de gravitación universal de Isaac Newton contribuyo enormemente al avance de la astronomía.

$T^2 = k \cdot r^3$	T: período del planeta (u.a.) K: constante de proporcionalidad r: radio medio (u.a.)
$F_G = G \dfrac{M_1 \cdot M_2}{d^2}$	F_G: fuerza gravitacional (N) G: constante de gravitación universal (N.m^2/kg^2) M_1: masa del cuerpo 1 (kg) M_2: masa del cuerpo 2 (kg) d: distancia (m)

Ondas y Óptica:

En el estudio de las ondas se utiliza básicamente la ecuación fundamental, mientras que, en óptica, la reflexión y refracción son los fenómenos importantes para el estudio de los espejos y de las lentes.
Sus principales formulas son:

Velocidad de propagación de las ondas $V = \lambda \cdot f$	v: velocidad de propagación de una onda (m/s) λ: longitud de onda (m) f: frecuencia (Hz)
Espejos esféricos $\dfrac{1}{F} = \dfrac{1}{p} + \dfrac{1}{p'}$ $A = \dfrac{i}{o} = \dfrac{`p'}{p}$	f: distancia focal (cm o m) p: distancia del vértice del espejo al objeto (cm o m) p': distancia del vértice del espejo a la imagen (cm o m) A: aumento lineal transversal i: tamaño de la imagen (cm o m) o: tamaño del objeto (cm o m)
Refracción $n_1 \cdot sen\theta_1 = n_2 \cdot sen\theta_2$	n_1: índice de refracción del medio 1; θ_1: ángulo de incidencia n_2: índice de refracción del medio 2; θ_2: ángulo de refracción

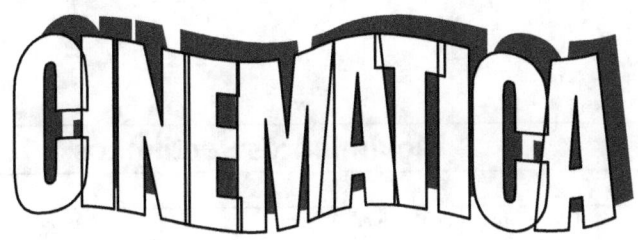

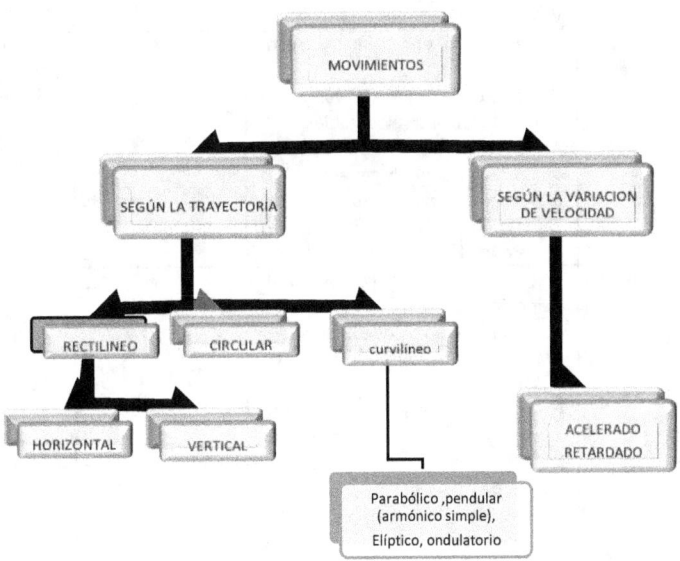

Movimientos Rectilíneos

uniforme	Trayectoria: una línea recta horizontal Espacio recorrido: el móvil recorre espacios iguales en intervalos de tiempo iguales Velocidad: constante	$v=\frac{d}{t}$	$d=v.t$ $t=\frac{d}{v}$
uniforme mente varia-do	Trayectoria: una línea recta horizontal Velocidad: el móvil varia su velocidad en intervalos iguales. Aceleración: variación de velocidad que puede disminuir generando un movimiento retardado o aumentar generando un movimiento acelerado	$a=\frac{v_f-v_o}{t_f-t_o}$ $v_f^2 - v_o^2 = 2ad$ $d=V_O.t+\frac{a.t^2}{2}$	$v_f = a(t_f - t_o)+v_o$ $v_o = \frac{2d-at^2}{2t}$ $a=\frac{2d-2v_{o.t}}{t^2}$
ascendente	Trayectoria: una línea recta vertical Velocidad: el móvil disminuye su Velocidad a medida que asciende Aceleración de gravedad (g=-9x10⁹ m/s²) El espacio recorrido es la altura entre el punto de lanzamiento hacia arriba y altura máxima alcanzada, El desplazamiento es la altura alcanzada en subida más la altura desde el punto más alto alcanzado hasta llegar a la superficie de reposo.(piso).	$h=V_O.t-\frac{g.t^2}{2}$ $v_f^2 - v_o^2 = -2gh$	$v_f=\sqrt{v_o^2 - 2gh}$ solo se cambian las letras a por g y d por h respecto al movimiento rectilíneo horizontal
caída libre	Trayectoria: una línea recta vertical Velocidad inicial: es nula Aceleración: gravedad (g=9x 10⁹ m/s²)	$h=\frac{g.t^2}{2}$ $v_f^2 = 2gh$	la anterior con el primer sumando nulo.
Lanzamiento hacia abajo	Trayectoria: una línea recta vertical Velocidad inicial es no nula aceleración: gravedad (g=9x 10⁹ m/s²)	$h=V_O.t+\frac{g.t^2}{2}$ $v_f^2 - v_o^2 = 2gh$	$v_f=\sqrt{v_o^2 + 2gh}$ como la del ascendente pero cambia el signo

Movimientos no rectilíneos

Curvilíneo	Trayectoria: Una curva
Circular uniforme	Trayectoria: una circunferencia se basa en un eje de giro y radio constante Velocidad de giro : constante
parabólico	Trayectoria: una parábola. Se corresponde con la trayectoria ideal de un proyectil que se mueve en un medio que no ofrece resistencia al avance y que está sujeto a un campo gravitatorio uniforme.
Armónico simple	El móvil que pasa cada cierto instante por las mismas posiciones. Se dice que el móvil ha efectuado una oscilación cuando se encuentra en la misma posición que la de partida y moviéndose en el mismo sentido.
Ondulatorio	Trayectoria Una onda Se denominará onda al proceso mediante el cual una perturbación se propaga con velocidad finita de un punto al otro del espacio sin que se produzca transporte neto de materia ..
Elíptico	Trayectoria: Una elipse Se denomina órbita elíptica a la de un astro que gira alrededor de otro describiendo una elipse. El astro central se sitúa en uno de los focos de la elipse. A este tipo pertenecen las órbitas de los planetas del Sistema Solar

Resolución de problemas

1) M.R.U

Un móvil recorre 98 km en 2 h, calcular:
a) Su velocidad.
b) ¿Cuántos kilómetros recorrerá en 3 h con la misma velocidad?
Solución:

Datos:
d = 98 km
t = 2 h
v=?
$d_{(t=3h)}$=?

Desarrollo

a) aplicando:
v = d/t
v = 98 km/2 h
v = 49 km/h
b) Luego:
v = d/t ⇒ **d = v·t**
d = (49 km/h)·3 h
d = 147 km
Respuesta: Su velocidad es de 49 km/h y en tres horas recorrerá, con esa misma velocidad, 147 km.

2) M.R.U.V.

Un móvil está esperando el cambio de semáforo y en el instante en que las luces del semáforo se ponen en verde, un automóvil que ha estado esperando a su lado acelera a razón de 1,2 m/s², mientras que un segundo automóvil, que acaba de llegar en ese preciso instante, continúa con una velocidad constante de 36 km/h. Calcular:

¿Cuánto tiempo se necesita para que el primer automóvil alcance al segundo?

¿Con qué velocidad se mueve el primer móvil en dicho instante?

¿Qué desplazamiento ha realizado?

Solución:

En este problema, tenemos 2 autos, móvil uno que parte del reposo (0 m/s) con aceleración de 1,2 m/s², es decir, avanza con MRUV (movimiento rectilíneo uniformemente variado) y el segundo auto, (móvil 2) avanza con velocidad constante de 36 km/h, es decir, con MRU (movimiento rectilíneo uniforme).

Por otra parte, las unidades físicas no están en el mismo sistema así que se debe seleccionar uno y realizar la conversión

$$36\frac{km}{h} \times \frac{1h}{3.600s} \times \frac{1000m}{1km} = \frac{36000m}{3600s} = 10\frac{m}{s}$$

a) ¿Cuánto tiempo se necesita para que el primer automóvil alcance al segundo?

Para que el primer automóvil alcanza al segundo, es necesario que recorran la misma distancia.

Móvil 1, se calcula la distancia recorrida, con la fórmula de MRU:

Móvil 2 se calcula la distancia recorrida, con la fórmula de MRUV que no incluye a la velocidad final:

Móvil 1 $\qquad\qquad\qquad$ Móvil 2:

$d = \dfrac{a \cdot t^2}{2}$ $\qquad\qquad\qquad$ $d = v \cdot t$

$d_1 = \dfrac{1{,}2\frac{m}{s^2} \cdot t^2}{2} \rightarrow d_1 = 0{,}6\frac{m}{s^2} \cdot t^2$ $\qquad$ $d_2 = 10 m/s \cdot t$

Como $d_1 = d_2$ entonces $\quad 0{,}6\frac{m}{s^2} \cdot t^2 = 10 m/s \cdot t$

$0{,}6\,\frac{m}{s^2} \cdot t^2 - 10 m/s \cdot t = 0 \rightarrow t(0{,}6\frac{m}{s^2} \cdot t - 10 m/s) = 0$
$\rightarrow t = 0$

lo que no es lógico.

$0{,}6\frac{m}{s^2} \cdot t - 10 m/s = 0 \rightarrow$ **t=16,67 s**

El tiempo que demora el primer móvil en alcanzar al segundo, es de **16,67 s.**

b) ¿Con qué velocidad se mueve el primer móvil en dicho instante?

V=a.t → $V = 1,2\frac{m}{s^2} \cdot 16{,}67 \text{ s.}$ →**V=20,004 m/s**

La velocidad del primer móvil en el instante del alcance es de **20,004 m/s**

c) ¿Qué desplazamiento ha realizado?

Usando la ecuación de d para el móvil 1 se obtiene:

$d_1 = 0{,}6\frac{m}{s^2} \cdot t^2$ → $d_1 = 0{,}6\frac{m}{s^2} \cdot (16{,}67s)^2$ → $d_1 = 0{,}6\frac{m}{s^2} \cdot 277{,}89 s^2$ → $\boldsymbol{d_1 = 166{,}73 m}$

El desplazamiento realizado por el móvil 1, es de **166,73 m.**

3) M.C.U.

Un móvil da tres vueltas sobre una circunferencia de 300 metros de diámetro a velocidad constante y tarda 2 minutos en hacerlo. Calcular:
Frecuencia
Período
Velocidad angular
Velocidad tangencial
Aceleración centrípeta
Solución:
Realizar la conversión de minutos a segundos.
2m x 60s/1m=120s

Calculo de la frecuencia; por la definición f=n/t→ f=3/12s→ f=0,025Hz

Calculo del periodo, como la magnitud inversa de la frecuencia
T=1/f→ T=1/0,025Hz →T=40s

Calculo de la velocidad angular a partir de la frecuencia
w=2πf→w=2.3,14.0,025Hz→
w=0,16rad/s

Nota: También se podía calcular por haber obtenido por su definición, es decir la variación de ángulo sobre la variación de tiempo sabiendo que recorre 3 vueltas (6 π radianes) en 120 segundos.

Calculo de la velocidad tangencial a partir de v=w.r, siendo r la mitad del diámetro.
v=0,16rad/s.150m=24m/s. ∴**v=24m/s**
Nota: Otra manera de haberla calculado es a través de su definición, es decir por el cociente entre el espacio recorrido y el tiempo empleado, sabiendo que recorrió el perímetro de la circunferencia tres veces en 120 segundos.

Calculo de la aceleración centrípeta a partir de a_c=v.w
a_c= 24m/s. 0,16rad/s=3,84 m/s²
 ∴ a_c=**3,84 m/s²**

4) Lanzamiento

Se lanza un cuerpo verticalmente hacia arriba con una velocidad de 70 m/s. ¿Qué tiempo tardará en alcanzar su altura máxima?

Datos:
v_0=70m/s
t=?

Por ser un lanzamiento vertical hacia arriba, si tomamos la velocidad inicial como positiva la aceleración gravitatoria ha de ser negativa.

El cuerpo alcanza su altura máxima cuando deja de ascender, es decir cuando la velocidad es nula.

Fórmula:

v =v_0 -g.t → t= $\frac{v_0}{g}$

Calculo:

t= $\frac{70m/s}{9,8m/s^2}$ → t=7,14s

5) Caída libre

Si un cuerpo se deja caer desde la azotea de un edificio y tarda 4 segundos en llegar al piso.

¿Cuál es la altura del edificio?

¿Conque velocidad llego al piso?

Datos

$v(o) = 0$m/s

t=4s

h=?

V(f=) ?

Formulas

h=$v(o)$. t+ ($g \cdot t^2$) /2

h= ($g \cdot t^2$) /2

V(f)=$v(o)$. t+g.t

$v(f)$=g.t

Cálculos

h= ($9.8 m/s^2 \cdot (4s)^2$) /2

h=78,4m

$v(f=)$9,8m/s².4s

$v(f=)$ 39,2m/s

Actividad

1) La velocidad de sonido es de 330 m/s y la de la luz es de 300.000 km/s. Se produce un relámpago a 50 km de un observador.
a) ¿Qué recibe primero el observador, la luz o el sonido?
b) ¿Con qué diferencia de tiempo los registra?

2) Un automóvil que viaja a una velocidad constante de 120 km/h, demora 10 s en detenerse. Calcular:
a) ¿Qué espacio necesitó para detenerse?
b) ¿Con qué velocidad chocaría a otro vehículo ubicado a 30 m del lugar donde aplicó los frenos?

3) Un móvil se desplaza con una trayectoria circular a una velocidad de 2 m/s. ¿Cuánto tardará en dar dos vueltas alrededor de una circunferencia de 100 metros de diámetro?

4) Un niño arroja una pelota hacia arriba con una velocidad de 15 m/s. Calcular:
a) la altura máxima que alcanza la pelota
b) el tiempo que tarda en volver a las manos del niño

5) ¿cuanto tiempo demora en caer un cuerpo?, qué se deja caer libremente desde una altura de 50 m. ¿Conque velocidad llega al suelo?

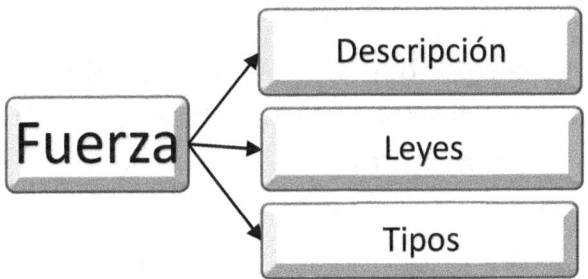

La fuerza es una magnitud vectorial que mide la razón de cambio de momento lineal entre dos partículas o sistemas de partículas.

Según una definición clásica, fuerza es todo agente capaz de modificar la cantidad de movimiento o la forma de los materiales.

Se entiende por fuerza cualquier acción o influencia que modifique el movimiento de un cuerpo.

Se simboliza por $\vec{F}$

Es una magnitud vectorial por lo que los elementos de definición son:

Modulo: Es el valor que representa la medida
Dirección: Es hacia donde se desplaza
Sentido: Es la ubicación

La unidad de medida en el Sistema Internacional de Unidades, es el newton que se representa con el símbolo N.

El newton es una unidad derivada del Sistema Internacional de Unidades que se define como la fuerza necesaria para proporcionar una aceleración de 1 m/s² a un objeto de 1 kg de masa.

Para medir la fuerza es necesario conocer sus unidades y valores, pero también el lugar donde se aplica y hacia qué dirección.

Para representar la fuerza de forma gráfica se puede optar por un vector. Pero este debe poseer cuatro elementos básicos: sentido, punto de aplicación, magnitud o intensidad y recta de acción o dirección.

Leyes de la fuerza o leyes de Newton

1) La ley de Inercia también conocida como la primera ley de Newton. Indica que:

"Todo cuerpo continúa en inercia a menos que sobre él actúe una fuerza neta diferente de cero".

Donde;

La Fuerza neta (fuerza resultante) es la suma vectorial de todas las fuerzas individuales.

La Inercia es la tendencia de un objeto a mantener su estado de reposo o de velocidad constante (en una línea recta).

Algunos objetos tienen más inercia que otros debido a que es más difícil empujar o frenar algunos objetos que otros.

La medida de la inercia de un objeto es su masa cuya unidad en el sistema internacional es kilogramo (kg).

En la siguiente situación se puede observar el uso de esta ley.

subida en un elevador

Un elevador está siendo jalado hacia arriba a una velocidad constante por un cable, como se muestra en el siguiente diagrama. Mientras el elevador se mueve hacia arriba con una velocidad constante.

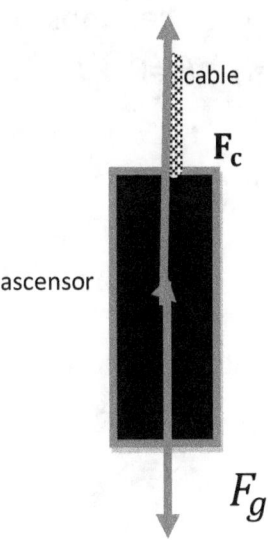

¿cómo se compara la magnitud de la fuerza hacia arriba ejercida por el cable F_c con la magnitud de la fuerza hacia abajo F_g sobre el elevador debida a la gravedad?

    a) F_c es menor que F_g
    b) F_c es igual a F_g
    c) F_c es mayor que F_g
    d) F_c podría ser mayor o menor que F_g, dependiendo de la masa del elevador

La respuesta correcta es b. Si el elevador se está moviendo con velocidad constante, la fuerza neta debe ser cero.

Esto indica que $\sum f=0$ y como las fuerzas son vectores con sentidos opuestos, entonces, $\sum f = F_c - F_g = 0 \rightarrow F_c = F_g$

2) Ley de la masa o segunda ley de Newton. F=m.a

Esta ley indica que:" *Cuando se aplica una fuerza a un objeto, éste adquiere una aceleración*"

La aceleración a de un objeto es directamente proporcional a la fuerza neta Fn que actúa sobre él y es inversamente proporcional a su masa m.

La dirección de la aceleración es la misma que la de la fuerza neta aplicada.

Fuerza Neta .Fn= $\sum \vec{f}$ La suma vectorial de todas las fuerzas actuando sobre el objeto.

Unidades de Fuerza: kg m/s² = Newtons (N)

A continuación, se puede observar el uso de esta ley

Calcular la magnitud de la aceleración que produce una fuerza cuya magnitud es de 50 N a un cuerpo cuya masa es de 13,000 gramos. Expresar el resultado en m/s²

Como se requiere la respuesta en el sistema MKS se debe hacer conversión.

$$13.000 gr \times \frac{1 kg}{1.000 gr} = 13 kg$$

Datos   Formula

a=? $F = m \cdot a \rightarrow a = \dfrac{F}{m}$

m=13kg

F=50N

Calculo

$a = \dfrac{50 kg \cdot \frac{m}{s^2}}{13 kg}$

a=3,85 m/s²

3) Ley de acción y reacción o tercera ley de Newton. Indica que "Siempre que un objeto ejerce una fuerza sobre otro, el segundo ejerce una fuerza igual y opuesta sobre el primero".

A cada acción corresponde una reacción igual y opuesta.

Importante: La fuerza de acción y la fuerza de reacción actúan sobre objetos diferentes.

Ejemplos: Una patinadora empujando sobre una pared. Un cohete viajando al espacio.

Esta ley es utilizada en casos como:

Graficar las fuerzas que actúan sobre una caja apoyada sobre una mesa e identificar los pares de fuerzas acción-reacción.

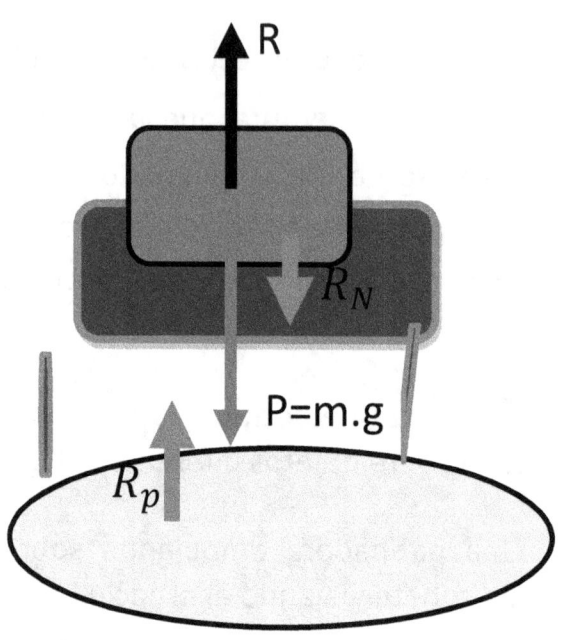

Acción	Reacción
La fuerza peso (P) que actúa sobre la caja, ejercida por la tierra	El peso que actúa sobre la tierra (R_p), ejercida por la caja
P=- R_p	
La fuerza normal (N) que actúa sobre la caja, ejercida por la mesa	La normal que actúa sobre la mesa (R_N), ejercida por la caja
N= -R_N	

Algoritmo para resolver problemas de fuerza

1) Dibujar un diagrama sencillo del sistema y predecir la respuesta.
2) Realizar un diagrama de cuerpo libre del objeto analizado (Fuerzas).
3) Si hay más de un objeto, realizar un diagrama de cuerpo libre por cada objeto.
4) Solo incluir las fuerzas que afectan al objeto (no incluir las fuerzas que ejerce el objeto).
5) Establecer los ejes de coordenadas más convenientes para cada objeto.
6) Aplicar la segunda ley de Newton: $F = m.a$.
7) Resolver las ecuaciones por componentes.

¿Qué es un diagrama de cuerpo libre?

Un diagrama de cuerpo libre es una representación gráfica utilizada para analizar las fuerzas que actúan sobre un cuerpo libre.

El diagrama de cuerpo libre es un diagrama de fuerzas.

Un diagrama de fuerzas sobre un cuerpo libre o diagrama de fuerzas de sistema aislado, constituye una herramienta que facilita la identificación de las fuerzas y momentos que deben tenerse en cuenta para la resolución del problema.

La elección del cuerpo es la primera decisión importante en la elaboración del diagrama.

Luego las fuerzas que actúan sobre él que deben ser representadas como vectores.

Ejemplos

1) Diagrama de cuerpo libre para un cuerpo. En el dibujo se observa un cuerpo de masa m que es subido por una grúa, con una aceleración a.

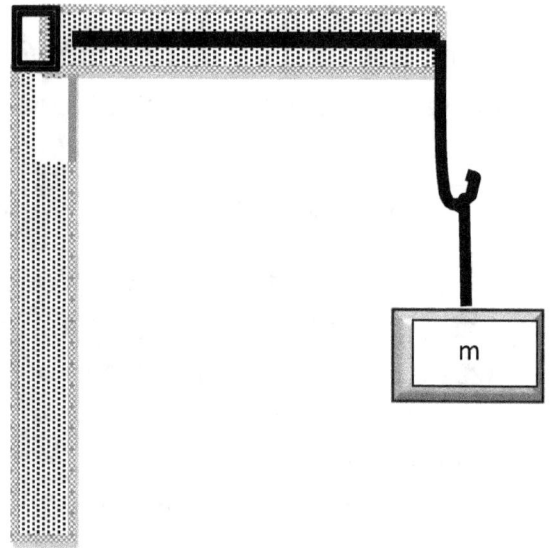

Su diagrama de cuerpo libre es:

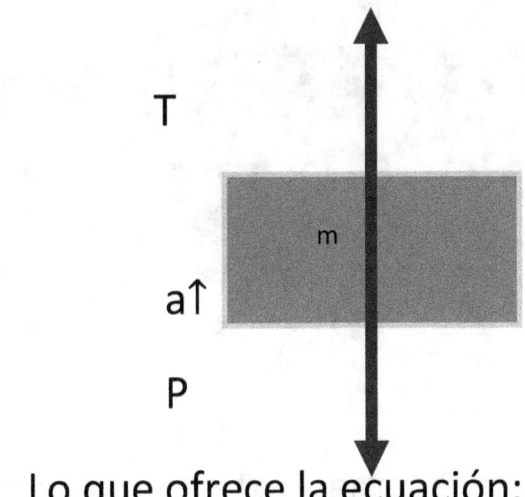

Lo que ofrece la ecuación:
T-P=m.

2) Diagrama de cuerpo libre para un sistema de dos cuerpos

En el dibujo se observan dos cuerpos, el de masa 1 que se desplaza en el plano horizontal sin roce y el de masa 2 que cuelga de la cuerda.

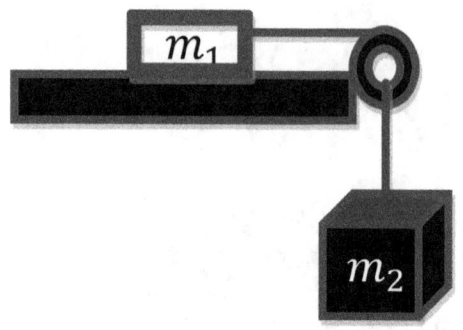

Sus diagramas de cuerpos libres son:

Cuerpo de masa 1	Cuerpo de masa 2
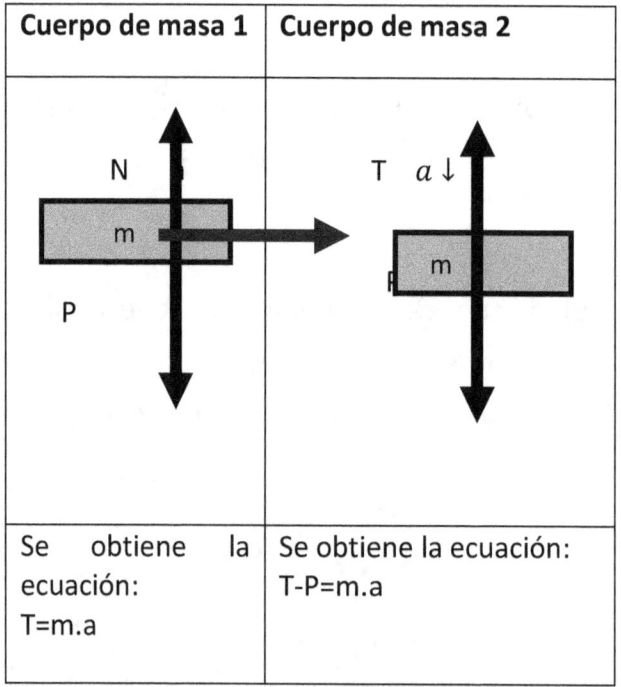	
Se obtiene la ecuación: $T = m \cdot a$	Se obtiene la ecuación: $T - P = m \cdot a$

Actividad. Leyes de Newton.

1) Una sonda espacial a la deriva se mueve hacia la derecha con velocidad constante en el espacio profundo interestelar, lejos de cualquier influencia debida a planetas y estrellas, con sus cohetes apagados. Si dos de sus propulsores se encendieran simultáneamente, ejerciendo fuerzas idénticas hacia la derecha y hacia la izquierda en las direcciones mostradas, ¿qué le pasaría al movimiento del cohete?

   a. La sonda espacial continuaría con velocidad constante.

   b. La sonda espacial aumentaría su rapidez.

   c. La sonda espacial disminuiría su rapidez y eventualmente se detendría.

   d. La sonda espacial se detendría inmediatamente.

2) Calcular la masa de un cuerpo que al recibir una fuerza de magnitud 350 N le imprime una aceleración de magnitud 520 cm/s². Exprese el resultado en kg (Unidad de masa del sistema internacional).

3) Dos cajas de 20 y 30 kg de masa respectivamente, se encuentran apoyadas sobre una superficie horizontal sin rozamiento, una apoyada en la otra. Si empujamos el conjunto con una fuerza de 100 N.

¿cuál es la aceleración de cada masa?

¿Qué fuerza ejercerá cada caja sobre la otra?

Algunos tipos de fuerza

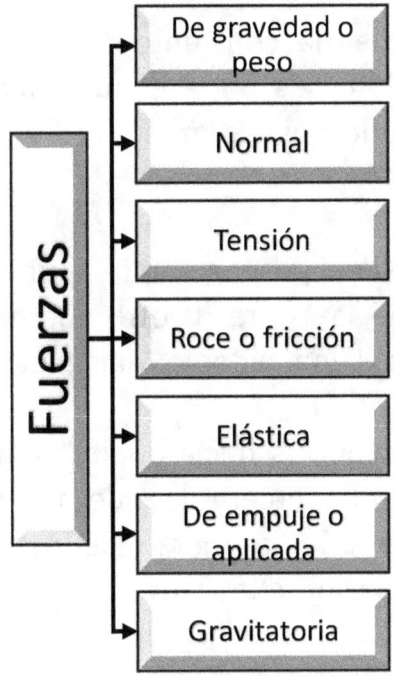

1) Fuerza peso:

La magnitud del peso se calcula por:
$P = m \cdot g$;

donde g es la constante conocida como aceleración de gravedad cuyo valor aproximado es $9,8 m/s^2 \sim 10\ m/s^2$, en el sistema M.K.S

El sentido del peso: siempre apunta hacia el centro de la Tierra (u otro cuerpo similar, ejemplos: Luna, planeta Marte, etc.).

La dirección: es hacia abajo (centro de la Tierra); por tercera ley de Newton que establece que la fuerza de reacción del peso actúa sobre la Tierra.

Es importante destacar que el peso es diferente de la masa;
(Peso ≠ Masa; $P \neq m$); ya que el peso es una fuerza que actúa sobre los cuerpos y la masa es la cantidad de materia que posee el cuerpo.

El peso de un cuerpo varía según el valor de g

Espacio	Valor de g(m/s^2)
Sol	274,0
Neptuno	11,0
Urano	9,0
Saturno	9,1
Júpiter	23,2
Marte	3,7
Luna	1,6
Tierra	9,8
Venus	8,9
Mercurio	3,7

Por ejemplo:

Al calcular el peso de un cuerpo de 50 kg en la Tierra, la Luna, Marte y Júpiter; a partir de la formula P=m.g; se obtiene:

Peso del cuerpo en la tierra

P=50kg.9,8m/s²=**490N**

Peso del cuerpo en la luna
P=50kg.1,6m/s²=**80N**

Peso del cuerpo en marte
P=50kg.3,7m/s²=**185N**

Peso del cuerpo en júpiter
P=50kg.23,2m/s²=**1.150N**

2) Fuerza de tensión.

La tensión (T) es la fuerza con que una cuerda o cable tenso tira de cualquier cuerpo unido a sus extremos, es decir la tensión es la fuerza que se hace a través de una cuerda.
La magnitud de la tensión será igual a ambos lados de la cuerda.

Para calcularla, como no existe una fórmula para el cálculo de la tensión se sugiere el siguiente algoritmo:
1) Dibujar las fuerzas ejercidas sobre el objeto en cuestión.
2) Escribir la segunda ley de Newton $\sum F$ = m.a, para la dirección en la cual está dirigida la tensión.
3) Resolver
Esto en virtud de que.
La dirección dependerá de la dirección de la cuerda, o sea que cada tensión sigue la dirección del cable
El sentido es el mismo de la fuerza que lo tensa en el extremo contrario.

Por ejemplo: Calcular la tensión en la cuerda que se observa en la figura siguiente.

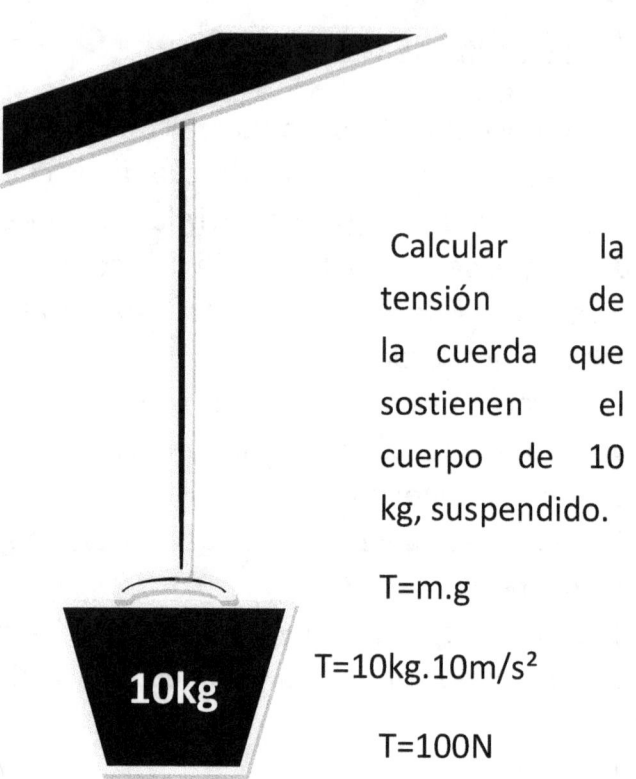

Calcular la tensión de la cuerda que sostienen el cuerpo de 10 kg, suspendido.

T=m.g

T=10kg.10m/s²

T=100N

3) Fuerza Normal.

Es un tipo de fuerza de contacto ejercida por una superficie sobre un objeto que se encuentre apoyado en ella.

En la tercera ley de Newton se establece que: "la fuerza de reacción de la fuerza normal actúa sobre la superficie"

Por lo que se dice que la fuerza normal es una fuerza de reacción perpendicular a la superficie de contacto.

La fuerza normal es la fuerza que evita que un objeto atraviese una superficie.

La dirección de la fuerza normal es siempre perpendicular a la superficie donde se ubica el objeto.

La magnitud de la fuerza normal es igual a la fuerza que se le aplique a la superficie hasta que la superficie se rompa. Como no hay una fórmula para calcularla se recomienda el mismo algoritmo dado para el cálculo de la tensión, teniendo en cuenta que la magnitud y la dirección del cuerpo se ejercen en dirección contraria al cuerpo del que se apoya. Y la fuerza actúa perpendicular y hacia afuera de dicha superficie.

Tal como se muestra en la siguiente situación:

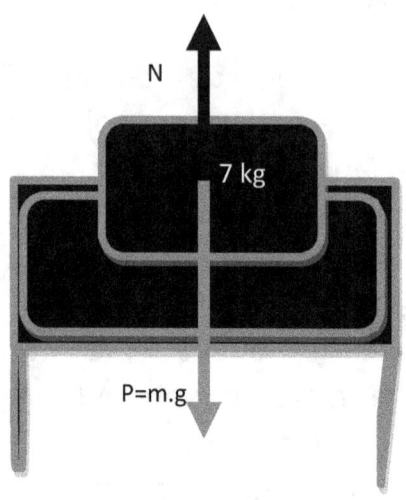

En el bloque de 7 kg colocado sobre la mesa. La fuerza de gravedad jala el bloque hacia el suelo, pero, claramente, hay una fuerza que evita que el bloque rompa la mesa y descienda hasta el suelo. La fuerza responsable de detener el bloque a pesar de la fuerza gravitacional es la **fuerza normal**.
¿Cuál es su magnitud?

Solución:

Datos Formula Calculo
m=7kg N=m.g N=7kg.10m/s²
g=10m/s²
N=? **N =70N**
Otra situación es:

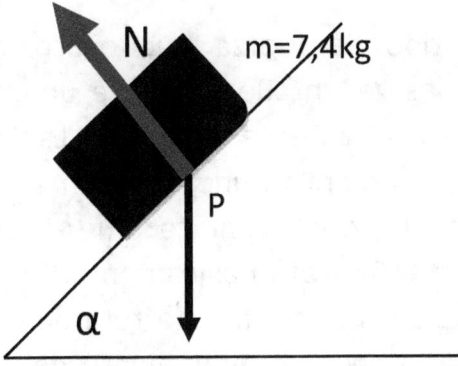

Calcular la normal del bloque de 7,4kg que se encuentra sobre una superficie inclinada formando un ángulo de 60º con la base.

Datos
m=7,4 kg
N=?
α=60°
g=10m/s²

Formula
N=m.g.cosα

Calculo
$$N = 7,4kg . \frac{10m}{s^2} . \cos 60° \rightarrow$$
N=74N.$\frac{1}{2}$=37N

4) Fuerza de roce.

Este es el tipo de fuerza que ocurre cuando se desliza un cuerpo sobre una superficie o se intenta hacerlo. Las fuerzas de rozamiento nunca ayudan al movimiento, lo que significa que se oponen a este. Se trata básicamente de una fuerza pasiva que trata de retardar o incluso de impedir el movimiento del cuerpo, independientemente de la dirección que se tome. Por lo que se distinguen:

a) Fuerza de roce estático: Este es el tipo de fuerza que ocurre cuando se desliza un cuerpo sobre una superficie o se intenta hacerlo. Las fuerzas de rozamiento nunca ayudan al movimiento, lo que significa que se oponen a este. Se trata básicamente de una fuerza pasiva que trata de retardar o incluso de impedir el movimiento del cuerpo, independientemente de la dirección que se tome. Simbólicamente:

Roce Estático: $0 \leq fs \leq fs, max = \mu s$

a) fuerza de roce cinético: Fuerzas de rozamiento estáticas

La fuerza estática, es la que establece la fuerza mínima necesaria para mover un cuerpo. Esta fuerza debería ser igual a la superficie con la que tienen contacto los dos cuerpos involucrados en el movimiento. Simbólicamente:

Roce cinético $fk = N\,\mu k$

Ejemplo:

Hallar la magnitud de la fricción cinética cuando la fuerza normal de un bloque es de 100N y el coeficiente de fricción es 0,4

Datos.
N=100N
μ= 0,4
Frc=?

Formula

Frc=N.μ

Calculo
Frc=100N.0,4=**40N**

5) Fuerza elástica.

Este es el tipo de fuerza que se da cuando un resorte, comprimido o estirado, busca regresar a su estado de inercia. Esta clase de objetos están hechos para volver a un estado de equilibrio y la única manera de conseguirlo es a través de la fuerza.

El movimiento ocurre porque este tipo de objetos almacena una energía denominada potencial. Y es esta la que ejerce la fuerza que lo devuelve a su estado original.

Su magnitud se calcula por $Fel = K.x$ donde

Fel es la fuerza elástica

K es la constante de elasticidad

X el estiramiento

Es sencillo su cálculo lo que se puede observar en el siguiente planteamiento:

Una pieza elástica se alarga 30 cm cuando ejercemos sobre él una fuerza de 24 N.

a) Calcula el valor de la constante elástica de la pieza.

b) Calcula el alargamiento de la pieza elástica al aplicar una fuerza de 60 N.

Lo primero es revisar que las unidades estén en el mismo sistema, en este caso hay que hacer conversión:

$$30 \text{cm} \times \frac{1m}{100cm} = 0,3m$$

Luego se procede a calcular lo solicitado, así:

a) Dados x=30 cm=0,3m; F=24N obtener k

$F = k \cdot x \rightarrow k = \frac{F}{x} = \frac{24 kg \cdot m/s^2}{0,3 m}$ →**k= 80 kg/s²**

b) Para F=60 N y k=80 kg/s² obtener x

$F = k \cdot x \rightarrow x = \frac{F}{k} = \frac{60 kg \cdot m/s^2}{80 kg/s^2}$ → **x=0,75m**

6) Fuerza Gravitatoria.

Es la fuerza de atracción que se genera entre dos cuerpos. Su magnitud se calcula por la fórmula: $F_G = G \cdot \dfrac{m_1 m_2}{d^2}$; la cual establece que la fuerza de atracción gravitatoria entre dos cuerpos es directamente proporcional al producto de sus masas e inversamente proporcional al cuadrado de la distancia que los separa. Dónde: F es el módulo de la fuerza ejercida entre ambos cuerpos, y su dirección se encuentra en el eje que une ambos cuerpos.
G es la constante gravitacional de valor numérico G=6,6738x 10^{-11} N.m^2/Kg^2, en el sistema internacional de medidas..

La gravedad es la que permite la caída de los cuerpos en la Tierra, genera los movimientos que se observan en el Universo. Es decir, el hecho de que la Luna orbite alrededor de la Tierra o que los planetas orbiten alrededor del Sol es producto de la fuerza gravitatoria.

Cabe recordar que el peso de un cuerpo se debe a la acción que ejerce la atracción gravitacional terrestre sobre este.

A continuación, se puede observar cómo se calcula LA FUERZA GRAVITATORIA.

Calcular la fuerza con que se atraen dos masas de 10 y 300 Kg situadas a una distancia de 50m.

Datos   Formula

$m_1 = 10\text{kg}$ $F_{1,2} = G \dfrac{m_1 . m_2}{d^2}$

$m_2 = 300\text{kg}$

$d_{1,2} = 50\text{m}$

$F_{1,2} = ?$

Calculo

$F_{1,2} = 6{,}67 \times 10^{-11} N.m^2 kg^2 \dfrac{10kg . 300kg}{(50m)^2} =$

$\mathbf{F_{1,2} = 8{,}004 \times 10^{-11} N}$

Otros tipos de fuerza

Existen diferentes tipos de fuerza dependiendo de su sentido, magnitud o intensidad, aplicación y dirección; unas denominadas como fuerzas fundamentales de la naturaleza y otras tantas que son expresiones de estas interacciones básicas.

-1) **Fuerzas fundamentales**

Fuerza electromagnética

Una fuerza de tipo cotidiana son las interacciones electromagnéticas, las cuales incluyen las fuerzas eléctricas y magnéticas. Se trata de una fuerza que afecta a dos cuerpos que están eléctricamente cargados.

Se produce con mayor intensidad que la fuerza gravitatoria y además, es la fuerza que permite las modificaciones químicas y físicas de las moléculas y átomos.

La fuerza electromagnética puede dividirse en dos tipos.

a) La fuerza que se da entre dos partículas cargadas en reposo se llama fuerza electrostática. A diferencia de la gravedad que siempre es una fuerza de atracción, en esta la fuerza puede ser tanto de repulsión como de atracción.

b) La fuerza que se superpone, a la fuerza entre dos partículas que están en movimiento llamada magnética.

Interacción nuclear fuerte

Es el tipo de interacción más fuerte que existe y es la que se encarga de mantener unidos los componentes de los núcleos atómicos. Actúa de igual forma entre dos nucleones, neutrones o protones y es más intensa que la fuerza electromagnética, aunque tiene un alcance menor.

La fuerza eléctrica presente entre protones hace que estos se repelan mutuamente, pero la gran fuerza gravitacional que existe entre las partículas nucleares permite contrarrestar esta repulsión para así mantener la estabilidad del núcleo.

Interacción nuclear débil

Conocida como fuerza débil, este es el tipo de interacción que permite la desintegración beta de los neutrones. Su alcance es tan corto que solo es relevante a una escala de núcleo. Se trata de una fuerza menos intensa que la fuerte, pero más intensa que la gravitacional. Este tipo de fuerza puede provocar efectos atractivos y repelentes, así como generar modificaciones en las partículas involucradas en el proceso.

2) Fuerzas derivadas

Más allá de la clasificación de las fuerzas principales, la fuerza también puede dividirse en dos categorías importantes: fuerzas de distancia y fuerzas de contacto. La primera es cuando la superficie de los cuerpos involucrados no se roza.

Este es el caso de la fuerza de gravedad y la fuerza electromagnética. Y la segunda se trata de un contacto directo entre los cuerpos que interactúan físicamente como cuando se empuja una silla.

Las fuerzas de contacto son este tipo de fuerzas.

Fuerza magnética

Este es un tipo de fuerza que se desprende directamente de la fuerza electromagnética. Esta fuerza surge cuando las cargas eléctricas están en movimiento. Las fuerzas magnéticas dependen de las velocidades de las partículas y cuentan con una dirección normal respecto a la velocidad de la partícula cargada sobre la que ejercen su acción.

Es un tipo de fuerza que está vinculada con los imanes, pero también con las corrientes eléctricas. Se caracteriza por producir atracción entre dos o más cuerpos.

En el caso de los imanes, estos poseen un extremo sur y otro norte, y cada uno de ellos atrae los extremos opuestos a sí mismos en otro imán. Lo que significa que mientras los polos iguales se repelen, los opuestos se atraen. Este tipo de atracción también ocurre con algunos metales.

Fuerza eléctrica

Este es el tipo de fuerza que se produce entre dos o más cargas y la intensidad de estas va a depender directamente de la distancia que exista entre dichas cargas, así como en sus valores.

Al igual que sucede en la fuerza magnética con los polos iguales, las cargas que cuenten con el mismo signo se repelerán de forma mutua. Pero las que cuenten con signos diferentes se atraerán. En este caso, las fuerzas serán más intensas dependiendo de qué tan cerca estén los cuerpos el uno del otro.

Fuerza de resistencia aerodinámica

Este tipo de fuerza también se le conoce como de resistencia del aire, esto debido a que es la fuerza que se ejerce sobre un cuerpo mientras este se desplaza por el aire. La fuerza de resistencia aerodinámica crea oposición para que el cuerpo se le dificulte el avance en el aire.

Esto significa que la resistencia que pone el objeto es siempre en dirección contraria a la velocidad del cuerpo. En todo caso, este tipo de fuerza solo puede percibirse -o se percibe de forma más clara- cuando se trata de cuerpos de gran tamaño o cuando el mismo se traslada a altas velocidades. Es decir, que mientras menor sea la velocidad y el tamaño del objeto, menor será la resistencia de este al aire.

De empuje hacia arriba

Este es el tipo de fuerza que se produce cuando un cuerpo es sumergido en agua o en cualquier otro líquido. En este caso, el cuerpo parece ser mucho más liviano.

Esto se debe a que al sumergir un objeto actúan dos fuerzas al mismo tiempo. El peso del propio cuerpo, que lo empuja hacia abajo, y otra fuerza que lo empuja desde abajo hacia arriba.

Cuando ocurre esta fuerza, el líquido contenido sube de nivel porque el cuerpo que flota desplaza una parte del agua. Por otro lado, para saber si un cuerpo es capaz de flotar es necesario saber cuál es el peso específico de este.

Para determinar esto, se debe dividir el peso por el volumen. Si el peso resulta superior al empuje, el cuerpo se hundirá, pero si es menor, flotará.

Fuerza de ligadura

Si se quiere determinar la fuerza resultante que ejerce una acción sobre una partícula es necesario analizar otro tipo de fuerza, la de ligadura. Se dice que un punto material está vinculado cuando existen problemas físicos que limitan sus movimientos.

Son entonces estas limitaciones físicas las que reciben el nombre de ligaduras. Este tipo de fuerza no produce movimiento. Al contrario, su función es impedir los movimientos que producen las fuerzas activas que no son compatibles con las ligaduras.

Fuerza molecular

Este tipo de fuerza no tiene un carácter fundamental como las cuatro primeras fuerzas básicas, ni tampoco se desprende de estas. Pero aun así resulta importante para la mecánica cuántica.

Tal como lo indica su nombre, la fuerza molecular es la que actúa entre las moléculas. Estas son manifestaciones de la interacción electromagnética entre los núcleos y los electrones de una molécula con los de otra.

Fuerza de inercia

Las fuerzas a las que se les puede identificar el cuerpo responsable de actuar sobre la partícula se les conocen como fuerzas reales. Pero para calcular la aceleración de estas fuerzas se necesita un elemento referencial que debe ser inerte.

La fuerza de inercia es entonces la que actúa sobre la masa cuando se somete un determinado cuerpo a una aceleración. Este tipo de fuerza solo pueden observarse en sistemas de referencia acelerados.

Este tipo de fuerza es la que mantiene a los astronautas pegados a su asiento al momento del despegue de un cohete. Esta fuerza es también la responsable de lanzar una persona contra el parabrisas del coche durante un choque. Las fuerzas de inercia tienen la misma dirección, pero un sentido opuesto a la de la aceleración a la que está sometida la masa.

1) Según parámetros concretos

De volumen

Fuerza que actúa en todas las partículas de un determinado cuerpo, como las fuerzas magnéticas o gravitatorias.

De superficie

Actúan únicamente en la superficie de un cuerpo. Se dividen en a) distribuidas por ejemplo el peso de una viga

b) puntuales por ejemplo al colgar una polea.

De contacto

El cuerpo que ejerce la fuerza entra en contacto directo. Por ejemplo, una máquina que empuja un mueble.

A distancia

El cuerpo que ejerce la fuerza no entra en contacto. Son las fuerzas gravitacional, nuclear, magnética y eléctrica.

Estáticas

La dirección y la intensidad de la fuerza cambia poco, como el peso de la nieve o de una casa.

Dinámicas

La fuerza que actúa sobre el objeto varía rápidamente, como en impactos o terremotos.

Equilibradas

Fuerzas cuyas direcciones son contrarias. Por ejemplo, cuando dos coches del mismo peso y que van a la misma velocidad chocan.

Desequilibradas

Por ejemplo, cuando un camión choca contra un coche pequeño. La fuerza del camión es mayor, y por tanto son desequilibradas.

Fijas

Son fuerzas que siempre están presentes. Por ejemplo, el peso de un edificio o de un cuerpo.

Variables

Fuerzas que pueden aparecer y desaparecer, como el viento.

De acción

Fuerza ejercida por un objeto que mueve o modifica otro. Por ejemplo, una persona que golpea un muro.

De reacción

El cuerpo sobre el que se aplica la fuerza, ejerce una fuerza de reacción. Por ejemplo, un muro, al ser golpeado, ejerce fuerza de reacción.

Cinemática...dinámica

.copy right.© 23/03/2020 2003233387038